广西科技计划项目（桂科 AD22037107）资金资助

碳游记

探秘中国岩溶碳汇

韦延兰　王莉　李文莉◎著

童趣出版有限公司编　人民邮电出版社出版

北　京

图书在版编目（CIP）数据

碳游记：探秘中国岩溶碳汇 / 韦延兰，王莉，李文莉著；童趣出版有限公司编. -- 北京：人民邮电出版社，2025. -- ISBN 978-7-115-67374-9

Ⅰ．X511-49

中国国家版本馆 CIP 数据核字第 2025Y1L509 号

著　　　　：韦延兰　王　莉　李文莉
责任编辑：许治军　孙铭慧
责任印制：李晓敏
美术设计：穆　易

编　　　　：童趣出版有限公司
出　　版：人民邮电出版社
地　　址：北京市丰台区成寿寺路 11 号邮电出版大厦〔100164〕
网　　址：www.childrenfun.com.cn

读者热线：010-81054177　　　经销电话：010-81054120

印　　刷：北京瑞禾彩色印刷有限公司
开　　本：889×1194 1/16
印　　张：6
字　　数：165 千字

版　　次：2025 年 8 月第 1 版　　2025 年 8 月第 1 次印刷
书　　号：ISBN 978-7-115-67374-9
定　　价：128.00 元

岩溶碳汇：为地球未来赋能

岩溶碳汇是全球碳汇的重要组成部分，也是应对气候变化的关键领域之一。中国岩溶分布面积广阔，约占国土面积的三分之一，在季风气候的影响下，我国岩溶发育完好且类型多样，具有巨大的固碳增汇潜力。20世纪90年代以来，由我主持的IGCP379"岩溶作用与碳循环"项目，首次将岩溶碳汇作用引入全球碳循环变化研究，明确了岩溶风化过程对大气中二氧化碳的吸收作用。这一研究不仅提升了中国岩溶学在国际学术界的地位，也为理解岩溶碳汇在全球碳循环中的作用奠定了基础。

在这本《碳游记：探秘中国岩溶碳汇》中，作者以生动的叙事和独特的视角，将复杂的岩溶碳汇科学知识转化为通俗易懂的图文内容，并通过碳原子"碳宝"的奇幻旅程，向读者展示了岩溶碳汇的科学原理及其在全球气候变化中的重要作用。书中不仅介绍了岩溶地貌的形成、生态系统脆弱性，还探讨了人类活动对岩溶碳汇的影响，以及如何通过科学手段提升岩溶碳汇能力。这种将科学知识与趣味故事相结合的方式极大地降低了传播科学知识的门槛，使更多人能够轻松理解这一重要领域。

岩溶碳汇的核心在于碳酸盐岩的风化过程。这一过程通过化学反应吸收大气中的二氧化碳，形成可溶性无机碳，最终随水流汇入海洋，或转化为动植物体内的有机碳，从而实现碳的长期储存。中国南方的热带、亚热带地区，由于水热条件优越，岩溶风化作用强烈，碳汇潜力巨大。此外，石漠化治理与生态修复工程的推进，也为提升岩溶碳汇能力提供了重要机遇。

当前，全球气候变化形势严峻，碳减排压力巨大。岩溶碳汇作为一种自然固碳途径，具有成本低、可持续性强的特点，对于实现我国"碳达峰、碳中和"目标具有重要意义。随着岩溶碳循环过程监测和机理研究的不断深入，岩溶碳汇有望在未来被列入全球碳收支清单，为中国乃至全球的碳减排提供新的路径。

《碳游记：探秘中国岩溶碳汇》的出版，恰逢其时地填补了岩溶碳汇科普领域的空白。它不仅为青少年和公众提供了了解岩溶碳汇的窗口，也为科学工作者提供了与公众沟通的桥梁。我愿意推荐这本书给所有关心地球未来的人，希望它能激发更多人关注岩溶碳汇，共同为应对气候变化贡献力量。

中国科学院院士　袁道先

2025年5月

走进岩溶世界，解锁碳汇宝藏

亲爱的小探险家们：

　　欢迎翻开《碳游记：探秘中国岩溶碳汇》这本神奇的书，它将带领我们踏上一段奇妙的探险之旅，去揭开中国岩溶地貌的神秘面纱，探寻那些和我们呼吸的每一口空气都息息相关的二氧化碳与碳汇的秘密。让我们一起跟随"碳宝"的足迹，深入隐藏在地表之下的奇幻世界，还有地表上的奇形怪状的岩石，去发现它们和我们的生活环境是如何紧密相连吧！

　　你们可能还没有听说过"岩溶地貌"，但实际上它是大自然中一种非常普遍且独特的地貌类型。在中国，你能找到好多好多这样的地方，比如美丽的桂林山水、璀璨的黄龙五彩钙华池，以及奇幻的重庆芙蓉洞，等等。这些都是岩溶地貌，它们是由水和可溶性岩石经过很长时间的相互作用，一点一点形成的。这些岩溶地貌不仅令人惊叹，还蕴含着丰富的科研价值和生态价值。

　　在这本书中，我们将一起学习岩溶地貌的形成过程，了解它们是如何影响着地球的环境和气候的。我们会探索岩溶地貌中的生物多样性，看看这些生态系统是怎么保护地球生灵的。最酷的是，我们要一起去发现岩溶地貌如何在碳汇中发挥超级作用——它们就像地球的超级吸尘器，能吸走二氧化碳，帮助我们缓解全球变暖。

　　"碳汇"这个词听起来可能有点儿高深，但其实它超级重要，简单来说，碳汇是指能够吸收并储存大气中二氧化碳的自然或人工系统。这不仅仅是科学问题，它关系到我们人类的未来。通过了解碳汇，我们可以更好地理解气候变化带来的挑战，并找到更多、更好的解决办法。

　　在这本书中，我们尽可能地采用通俗易懂的话语，把复杂的科学知识变成大家都读得懂的科学故事。衷心希望你们在阅读的过程中，不仅能够学到好多知识，还能拥有对大自然的好奇之心和探索之心；我们相信，通过了解和尊重自然，你们将在未来成为保护地球的小卫士。

　　现在，让我们一起翻开新的一页，踏上这段奇妙的科学之旅，去领略岩溶地貌的壁立千仞和福地洞天，去探索岩溶碳汇的诸多奥秘。让我们一起出发吧！

　　本书专业内容源于国家自然科学基金专项项目（42442026）和中国地质调查项目（DD20230547）等研究成果。

中国地质科学院岩溶地质研究所
2025 年 5 月

目录

第三章 岩溶碳汇缓解地球"高温"

第四章 "碳中和"智慧助力绿色未来

岩溶碳汇探索之旅

第一章
宇宙"碳"在地球大显身手！

在遥远的宇宙深处，一场壮丽的星云聚变正在进行！

在这个过程中，微小却充满活力的宇宙元素——碳——诞生了。

宇宙游侠“碳宝”到访地球！

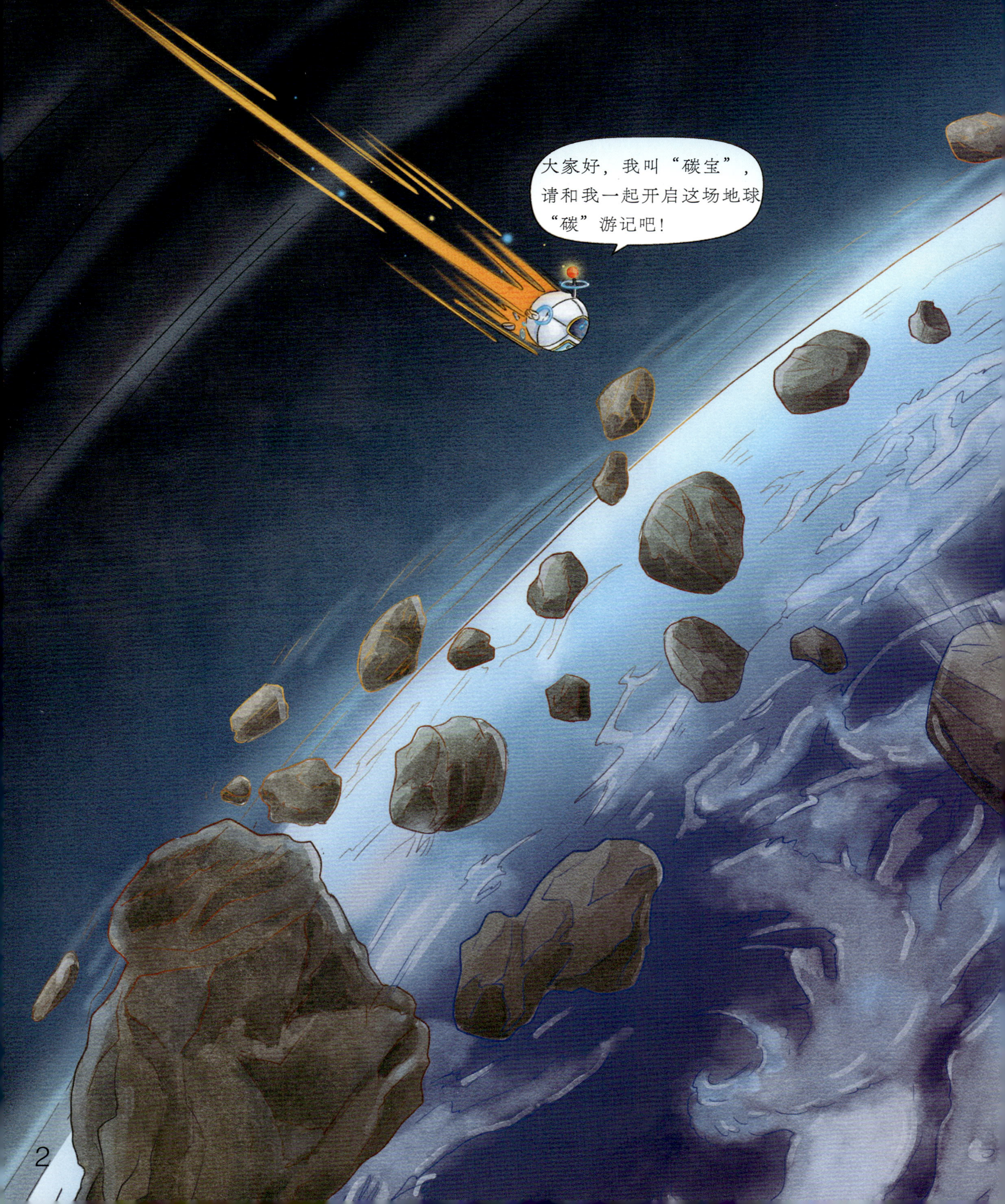

新世界的海洋，孕育着早期的生命。碳参与和见证着新世界的每一个生命奇迹。

在数十亿年间，无数的海洋生物通过光合作用将水 (H_2O) 和二氧化碳 (CO_2) 转化成为支持生物生长的有机质并释放出氧气 (O_2)。

活力无限的"碳"

　　1869 年，化学家门捷列夫根据原子核的质子数的多少，将碳元素排在了《元素周期表》的第六号位置。在参与地球"建设"的过程中，碳的参与度非常高，几乎是最积极的，而且"碳"也是地球上储量最丰富的元素之一。

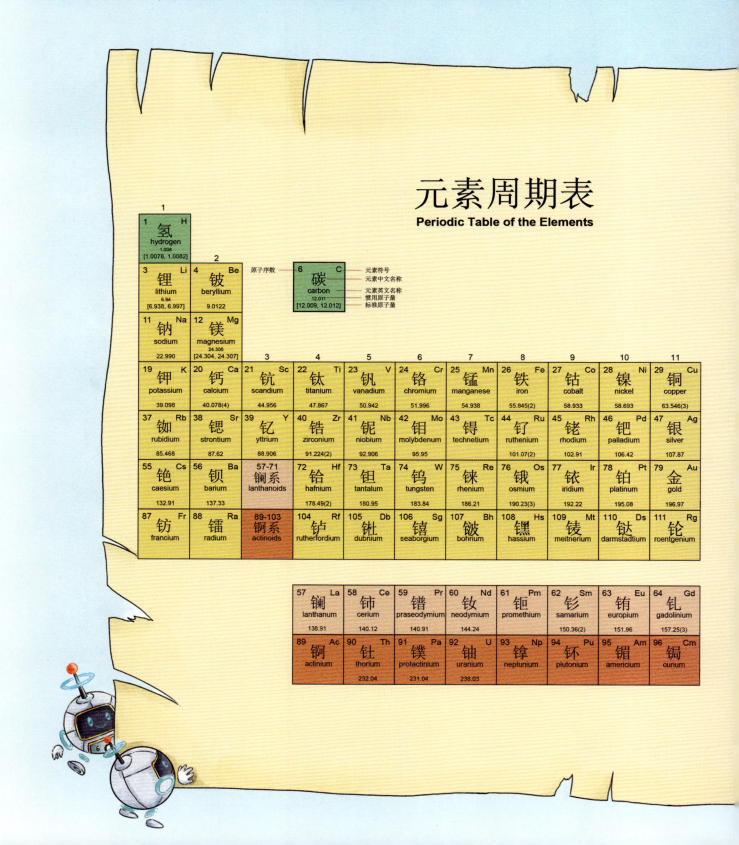

元素周期表

Periodic Table of the Elements

无处不在的"碳"

碳在地球上无处不在。碳在地球的海陆空之间穿梭，积极参与着各种作用。

火山作用

在火山喷发的过程中，岩石圈中的碳多以二氧化碳的形式被排放到大气中。

光合作用

在阳光的照射下，植物吸收大气中的二氧化碳，将其转化为自身的有机碳并向大气中释放氧气。这是碳从大气到生物体的转移。

分解作用

当生物体死亡，细菌和真菌立刻"开工"，分解生物体内的有机碳，释放二氧化碳等气体。

岩溶作用

碳酸盐岩在水和二氧化碳的联合作用下发生溶解，在这个过程中，大气中的二氧化碳和岩层中的碳酸盐被转化到水中，促成洞穴、石笋和钟乳石等岩溶地貌的形成。

呼吸作用

生物通过呼吸、氧化和分解体内的有机碳，将其中一部分转化为二氧化碳释放到大气中。

燃烧作用

煤炭、石油等化石燃料燃烧时，产生的二氧化碳被排放到大气中。这是碳从地球深处到大气的快速转移。

沉积作用

生物遗骸和其他含碳物质沉积形成碳酸盐岩、煤炭、石油和天然气等。这些是碳的长期储存形式。

"碳"游四大圈层

在全球碳循环的过程中，碳与其他化学元素结合到一起，以气态、液态或固态等多种形式和形态，穿梭于海陆空之间，遍布地球的每一个角落，参与着地球物质的循环，以及地球生命的诞生、成长和繁衍，维护和推动着这颗蓝色星球的欣欣向荣和生生不息。

在**生物圈**，碳以有机碳和无机碳的形式参与构建了所有生物的生长发育和物种延续。无论是动物、植物，还是微生物，碳都是它们一生不可或缺的元素。

在**岩石圈**，碳主要以碳酸盐的形式存在于碳酸盐岩中。而碳酸盐岩是一种以碳酸钙（$CaCO_3$）为主要成分的岩石。此外，碳还深度参与煤炭、石油和天然气等化石燃料的形成。无论是碳酸盐岩还是化石燃料，它们都是古代动植物遗骸经过长时间的地质作用转化而成的结果。

在**大气圈**，以二氧化碳为主的温室气体在大气层中发挥着重要作用——吸收太阳辐射和维持地球表面温度。二氧化碳是动物呼吸、植物呼吸和化石燃料燃烧、工业排放等的产物，也是植物光合作用的原材料。

在**水圈**，碳全程参与海洋生物的食物链，帮助这些海洋生物长出坚硬的骨骼和外壳。当它们的生命结束后，一些生物残骸会沉降到海底，在地质沉积的过程中，逐渐形成碳酸盐岩。经过数十亿年的积累和沉积，最终形成非常厚的碳酸盐岩层。

活的珊瑚虫

以碳酸钙为主要成分的骨骼

碳循环被扰动

　　碳就像不知疲倦的建筑师，穿梭于地球的每一个角落，支持着万物的构成，维系着生物的生长和自然生态环境的平衡。但是，随着人类文明的发展，人类不断增多的生产、生活活动，无意中增加了二氧化碳向大气的排放，加速了碳循环的第二次转折，扰动了碳在岩石圈和生物圈中的平衡。

更多的碳以二氧化碳的形式向大气圈转移，使大气层变成聚热小巨人，影响着地球的气候变化，导致全球变暖、极端天气等现象频发。

11

第二章
岩溶世界收获精彩"碳生"

一路的冒险，让宇宙游侠"碳宝"渐渐爱上了这颗生机勃勃的蓝色星球，它们决定将这里当作自己新的家园！

碳酸盐岩是怎么来的？

在辽阔的海洋中，海洋生物的外壳和骨骼因碳酸钙的参与而变得更加坚硬。当这些海洋生物的生命旅程终结之后，碳酸钙也随着它们的遗骸缓缓沉入海底。经过漫长的地质作用，遗骸中富含碳酸钙的坚硬部分，经历沉积、压实和转化，最终成为碳酸盐岩。

欢迎来到**生物遗迹地**。这里的碳酸盐岩里面有好多化石。

这些含有化石的碳酸盐岩的形成需要十几亿年呢，要是将这里面的化石按时间顺序排成队，就是一幅揭秘海洋生物起源与演化的巨幅画卷哪！

此外，化学沉积作用也会形成碳酸盐岩，如海水中的二氧化碳通过一系列反应最终与钙离子结合，生成碳酸钙沉淀。这些过程在地质时期不断重复，也最终形成了碳酸盐岩。

碳酸盐岩最主要的两大岩石类型是石灰岩和白云岩。

石灰岩

以方解石（$CaCO_3$）为主要成分。有灰、灰黑、黄、浅红、褐红等多种颜色，硬度一般不大。

白云岩

主要由白云石 [$CaMg(CO_3)_2$] 组成。多呈灰白色，质地较脆，硬度大于石灰岩，用铁器易划出擦痕。

太湖石，又名假山石，是石灰岩经过长时间的溶蚀等作用，慢慢形成的。

如何分辨石灰岩和白云岩呢？咱们来做个小实验吧！

虽然石灰岩和白云岩很难用肉眼直接分辨，但是遇酸反应实验可以轻松区分二者。

石灰岩和白云岩鉴别实验

滴入稀盐酸

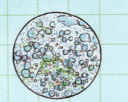

反应剧烈，产生大量气泡

石灰岩

将碳酸盐岩岩石标本放入玻璃烧杯中

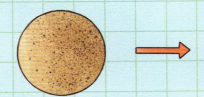

反应缓慢，产生少量气泡或不起泡

白云岩

"步步高升"的碳酸盐岩

碳酸盐岩主要在海洋中形成，尤其是浅海环境，少数在陆地环境中形成。由于受到地壳运动和变形的影响，成千上万米厚的碳酸盐岩从海水中露出，随着地壳的抬升，露出的碳酸盐岩层继续被挤压、折叠，形成了波状的山脉和深邃的谷地。

碳酸盐岩的沉积、抬升和溶蚀

①动物遗骸和其他碳酸盐物质在海底沉积下来，经过压实，固结形成非常厚的碳酸盐岩。

②随着海水退去，地层抬升，海底的碳酸盐岩缓慢露出水面。

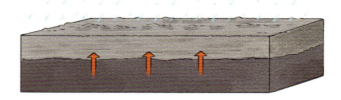

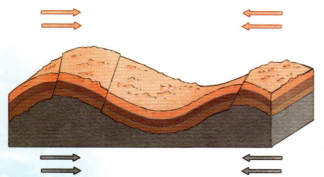

③含有碳酸的雨水不断流过碳酸盐岩，对具有可溶性的碳酸盐岩产生着强烈的溶蚀作用。

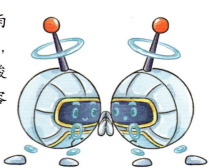

这些碳酸盐岩层在被挤压和拉扯的过程中，裂开了一道道错综复杂的裂隙，裂隙如迷宫般向远方和地下延伸，为流水提供了施展雕刻和涂鸦的舞台。于是，沉睡在岩层中的"碳宝"被唤醒，携手流水共同在大地上创作大自然的梦幻杰作。

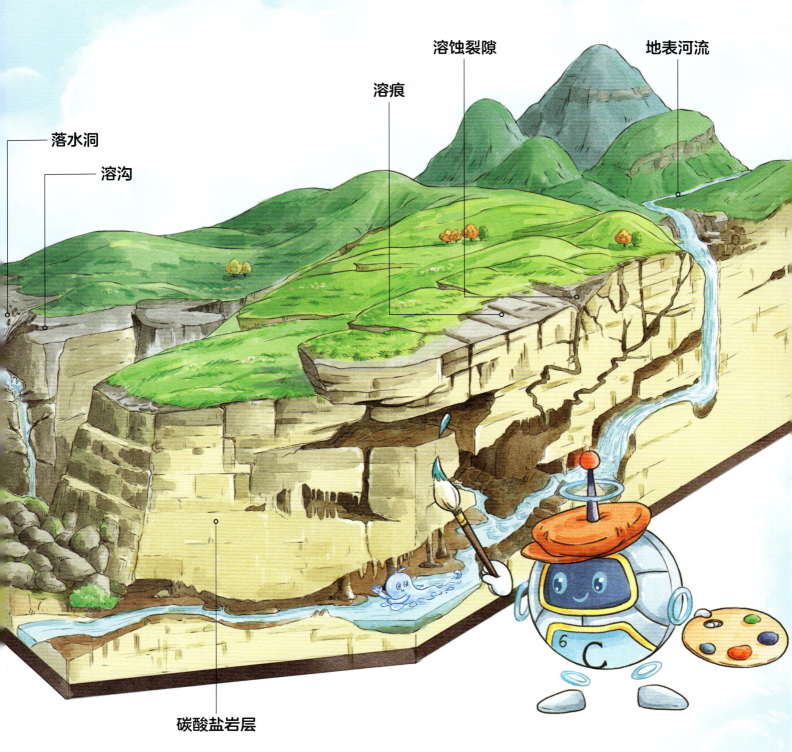

溶蚀裂隙

溶痕

地表河流

落水洞

溶沟

碳酸盐岩层

岩溶地貌的形成

在陆地上，二氧化碳溶于水后形成弱酸性水体，并由此触发一系列化学反应，不断溶蚀以碳酸盐岩为主的可溶性岩石，使得岩石裂隙逐渐变大。地上的可溶性岩石在溶蚀过程中，形成石林、峰林、峰丛等地表形态；地下的可溶性岩石则被不断溶蚀，形成溶洞、地下河等地下形态。

石林的形成

①可溶性岩石受到挤压产生破裂，垂直破裂面将岩石分割成网格状。

③流水继续溶蚀，地上的石峰和石柱被继续锐化，地下的裂隙继续蔓延扩张。

②流水沿着裂隙溶蚀，随着裂隙加深、加宽，在地上分离出石峰、石柱，在地下蔓延更多、更大的裂隙。

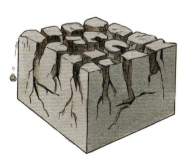

地下的裂隙逐渐扩大和连通，便有了如迷宫般的地下溶洞。

地上的一座座微型小山峰诞生了，它们簇拥成群，便有了像岩石森林一样的石林。

空气中、土壤中都存在二氧化碳，水吸收二氧化碳后发生化学反应形成碳酸，这时候的水就具有了溶蚀能力，并在溶蚀碳酸盐岩的过程中逐渐形成了岩溶地貌。

19

岩溶地貌演变四部曲

在地壳运动的稳定期，上升为高地之后的碳酸盐岩层，通常会经历岩溶地貌发育的幼年期、青年期、壮年期和老年期这四个时期。这期间伴随着岩溶形态的不断发育和演化。

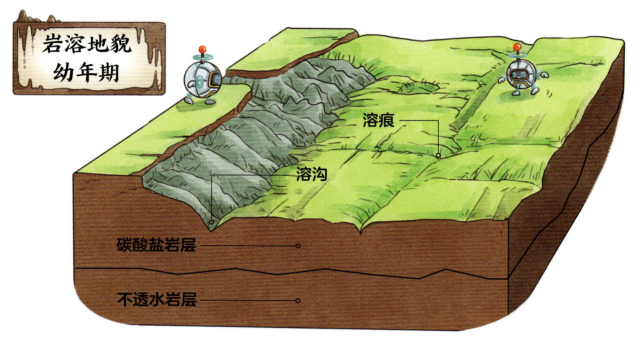

碳酸盐岩层的岩石表面大多是光溜溜的，地表水顺着岩石裂缝开始溶蚀岩石，地表出现溶痕和溶沟。

峰林变少，孤峰和平原出现，不透水岩层的岩石露出来，地表河流增多。碳酸盐岩层基本被溶蚀殆尽，形成大平原，平原上残留些许孤峰或残丘。

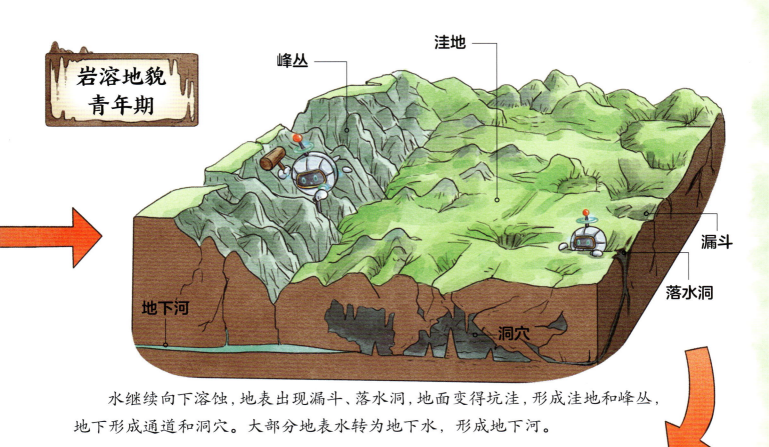

岩溶地貌
青年期

峰丛

洼地

漏斗

落水洞

地下河

洞穴

　　水继续向下溶蚀，地表出现漏斗、落水洞，地面变得坑洼，形成洼地和峰丛，地下形成通道和洞穴。大部分地表水转为地下水，形成地下河。

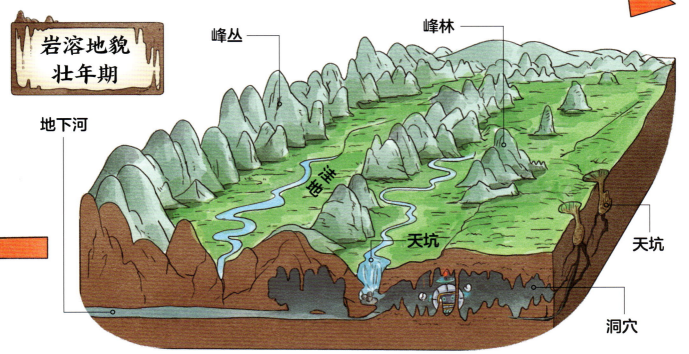

岩溶地貌
壮年期

峰丛

峰林

地下河

洼地

天坑

天坑

洞穴

　　水到达碳酸盐岩下方不透水岩层后，无法继续向下溶蚀，只能继续向四周溶蚀。落水洞和地下洞穴继续扩大，直至洞顶塌陷形成天坑。峰丛基座被不断溶蚀，洼地面积扩大，形成峰林。

全球岩溶真不少

全球至少有 120 个国家都有岩溶分布，主要分布在欧洲的阿尔卑斯山、法国中央高原等，北美洲的美国中东部、加拿大等，亚洲的中国西南部、越南中北部和西印度群岛等，以及大洋洲的澳大利亚等。截至 2024 年，全球仅岩溶景观世界遗产就有 42 处。

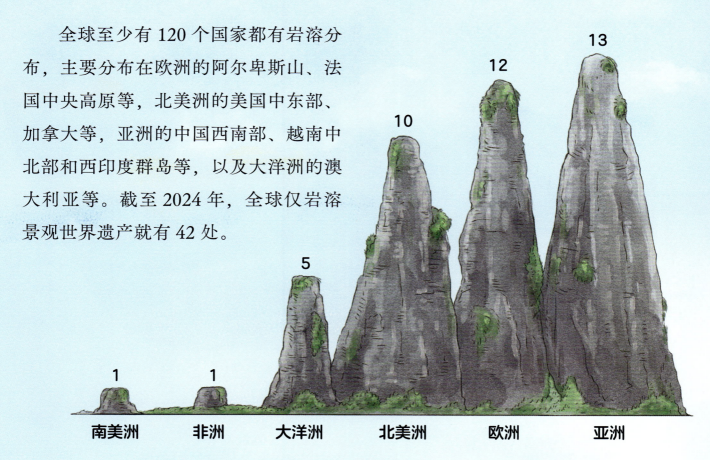

全球范围内岩溶景观世界遗产
单位：处

越南下龙湾的"海上桂林"

发育绝美的海上峰林，3000 多座陡峭的圆锥状、塔状的石峰在海面上拔地而起，就像把桂林山水搬迁到了太平洋中，被誉为"海上桂林"。

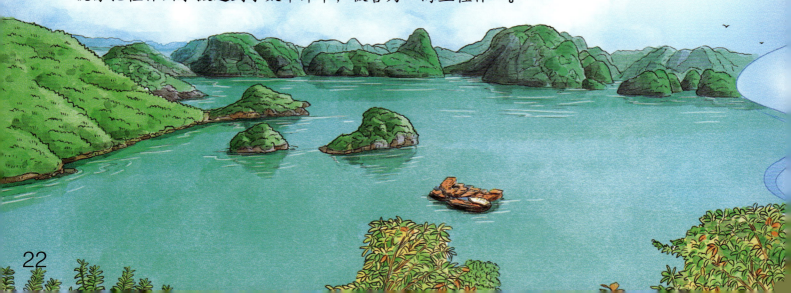

加拿大的冰川岩溶

　　岩溶地貌在末次冰期遭遇冰川刨蚀，就像用巨大的冰激凌勺把冰激凌一顿乱挖似的，最终在地表形成石灰岩冰溜面。

伯利兹的海上蓝洞

　　世界十大地质奇迹之一。蓝洞是一种竖井形的岩溶洞穴，随着后来海平面上升，竖井洞穴遭海水淹没，形成蓝洞。

伟大的岩溶先驱：徐霞客

　　我国是世界上最早系统考察岩溶地貌、探索岩溶发育规律的国家。早在大约 400 年前，明代的地理学家徐霞客历时 4 年在中国南部岩溶区中徒步跋涉数万里，探查洞穴 300 余个，成为世界上首位研究岩溶地貌和岩溶洞穴的先驱，比西方国家早了约 200 年。徐霞客最早把岩溶山体称为"石山"，并最早提出"峰丛"这一学术名词。

"遥望东界遥峰下，峭峰离立，分行竞颖，复见粤西面目；盖此丛立之峰，西南始于北，东北尽于道州，磅礴数千里，为西南奇胜，而此又其西南之极云。"

徐霞客

　　我国明代杰出的地理学家、旅行家，他一生志在四方，历经 30 年，游遍今 21 个省级行政区，并将观察到的人文、地理、生物等现象记录下来，撰写了 60 余万字的游记资料，后由他人整理成地理名著《徐霞客游记》，其中有近 10 万字论述了岩溶地貌。

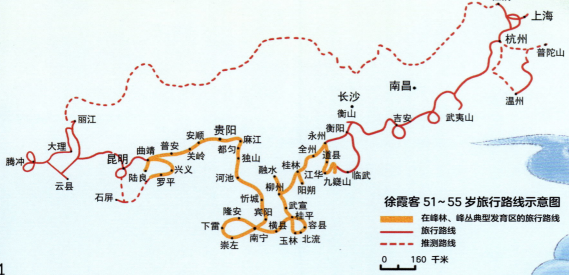

徐霞客 51~55 岁旅行路线示意图

　在峰林、峰丛典型发育区的旅行路线
　旅行路线
　推测路线

0　　160 千米

岩溶地貌和喀斯特地貌之间是什么关系？

岩溶地貌就是喀斯特地貌，二者是同一种地貌。

　　水对可溶性岩石进行溶蚀作用所形成的地表和地下形态统称为岩溶地貌。岩溶地貌是我国五大地貌之一。"喀斯特地貌"即"岩溶地貌"。

　　喀斯特是德语"karst"一词的音译，原是欧洲斯洛文尼亚境内伊斯特里亚半岛石灰岩地区的地名。早期科学家对那里奇形怪状的石灰岩进行了研究，并将该地貌命名为"karst"，后来"喀斯特"一词成为国际地学专门术语。

　　1966 年，我国提出今后用"岩溶"一词代替"喀斯特"。石林、峰林、天坑、钟乳石等术语均由我国地质学家首创。2008 年 12 月 15 日，联合国教科文组织国际岩溶研究中心在中国桂林挂牌成立，这是联合国教科文组织设立的唯一一家国际岩溶研究中心，标志着我国在岩溶领域的研究处于世界领先地位。

桂林山水甲天下

中国岩溶地貌的面积约为 344 万平方千米，以其形态的多样性和保存的完好度，享誉世界。特别是我国的西南地区，有着广袤且多样的岩溶地貌。峰丛、峰林是热带岩溶地貌的典型类型，主要分布在我国广西西部、西北部至云贵高原的边缘一带。最著名的当数广西桂林至阳朔一带，古今赞誉"桂林山水甲天下"。

研究中心就在桂林，我早就知道了！

孤峰

峰丛		峰林		孤峰
	进一步溶蚀		进一步溶蚀	
基座相连		基座不相连		

还有一个小秘密要告诉你哟，第五套人民币 20 元纸币的背景图案，正是取自桂林阳朔漓江的"黄布倒影"景点！

峰丛、峰林平地拔起。峰丛的底座由石灰岩基底相连，像簇拥在一起聊天儿的朋友；而峰林的底座各不相连，各自独立，特别是孤峰，山坡陡峭，好似刻意离群索居。峰丛和峰林奇峰万千，有"老人"，有"巨象"，还有"骆驼"，等等。

"散落山间的宝石"黄龙五彩池

钙华池群是一种特殊的岩溶地貌景观，主要分布在岩溶区，黄龙五彩池是其典型代表，位于四川黄龙沟。当富含碳酸钙的地下水流出地表时，因为压力降低、温度升高，水中的二氧化碳会大量排出来（即逸出），碳酸钙因此沉积下来变成钙华。这些钙华慢慢堆积，逐渐在地下水溢出口附近形成了美丽的钙华池。

碳宝小分队出发！

钙华池
由池边坝和池水组成，池底铺满了碳酸钙的沉积物，而池边坝则是一个个由钙华堆积成的弧状小堤坝。

钙华池为什么五彩斑斓？

因为池水清澈，阳光照进来时，
水里的黄绿色藻类和湖底沉淀物会吸收、
折射和反射光线，加上周围景物的倒影，
就让池子变得五彩斑斓。

钙华梯田

钙华池从高处到低处
一个衔接着一个，
逐渐形成梯田式
的钙华堆叠。

脚下留神呀！这钙华池特脆弱，
要是轻轻一碰，哪怕就碰伤几毫米，
我百万年的心血可就泡汤了！我们
要一起好好保护它啊！

好似人间仙境的黄龙五彩池！

"中国第一大瀑布" 黄果树瀑布

　　黄果树瀑布高约 77.8 米，宽约 101 米，位于中国贵州省安顺市，是中国第一大瀑布，形成于典型的亚热带岩溶区，是典型的岩溶瀑布。它经历地表河、落水洞、地下河道扩展，最终形成岩溶瀑布奇观，是大自然雕琢的杰作。

这里不仅是 1986 年版《西游记》中的水帘洞，而且是能从内部往外窥视的奇妙瀑布！

所谓"珠帘钩不卷，匹练挂遥峰"，俱不足以拟其壮也！

岩溶瀑布是如何形成的？

①这里的地表有一条白水河，地壳运动让这里的岩层因断裂产生裂隙。

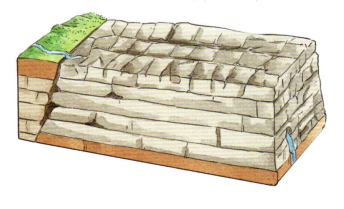

②河水不断下渗和溶蚀，落水洞洞口逐渐变大，地下河逐渐形成。

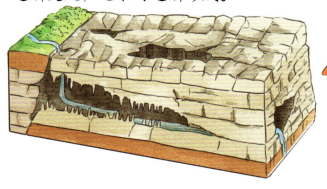

③地下被溶蚀的空间逐渐增大，落水洞洞顶和地下河顶部逐渐崩塌。

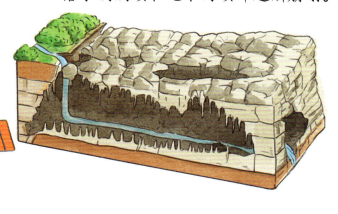

④地下河露出地表，落水洞形态改变，不再完整如初。

暗河重现天日喽！

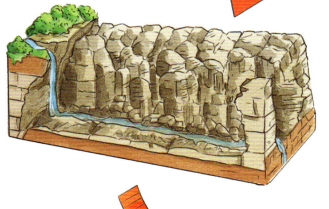

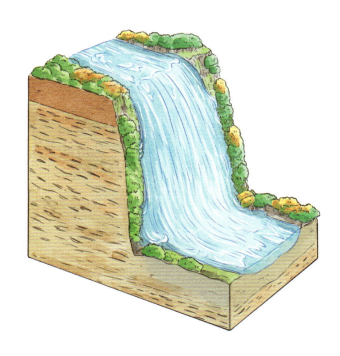

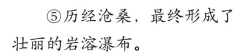

⑤历经沧桑，最终形成了壮丽的岩溶瀑布。

"世界肚量最大"贵州紫云苗厅

位于中国贵州省紫云苗族布依族自治县格凸河畔的"苗厅"，因周边遍布苗族村寨而得名。苗厅为岩溶地貌奇观，它由双洞厅与大型廊道构成，呈独特"双穹顶"凹字形结构。洞内钟乳石林立，形态或高大或怪诞，千姿百态。

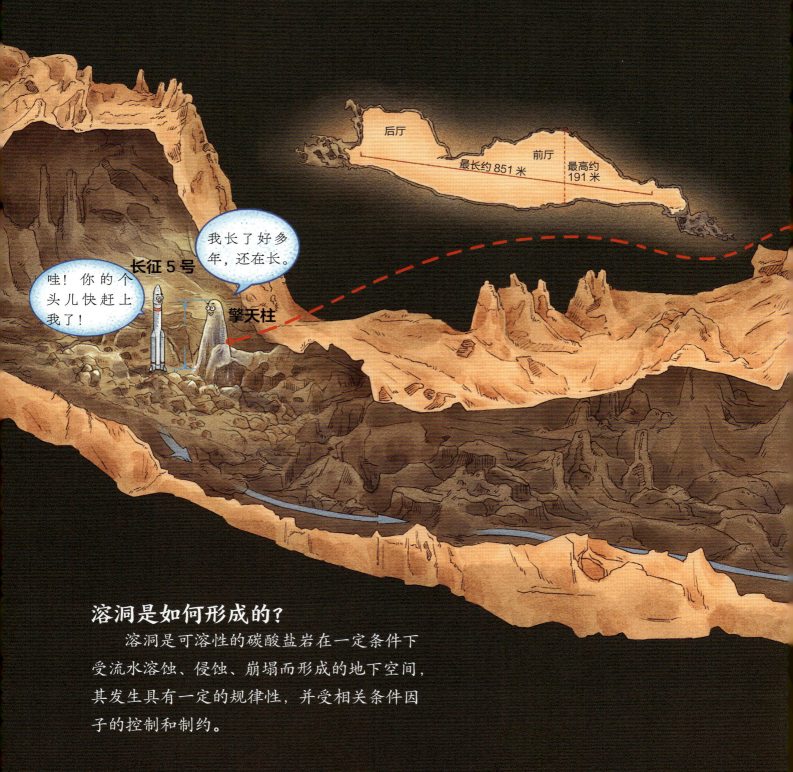

后厅

前厅

最长约 851 米

最高约 191 米

我长了好多年，还在长。

长征 5 号

哇！你的个头儿快赶上我了！

擎天柱

溶洞是如何形成的？

溶洞是可溶性的碳酸盐岩在一定条件下受流水溶蚀、侵蚀、崩塌而形成的地下空间，其发生具有一定的规律性，并受相关条件因子的控制和制约。

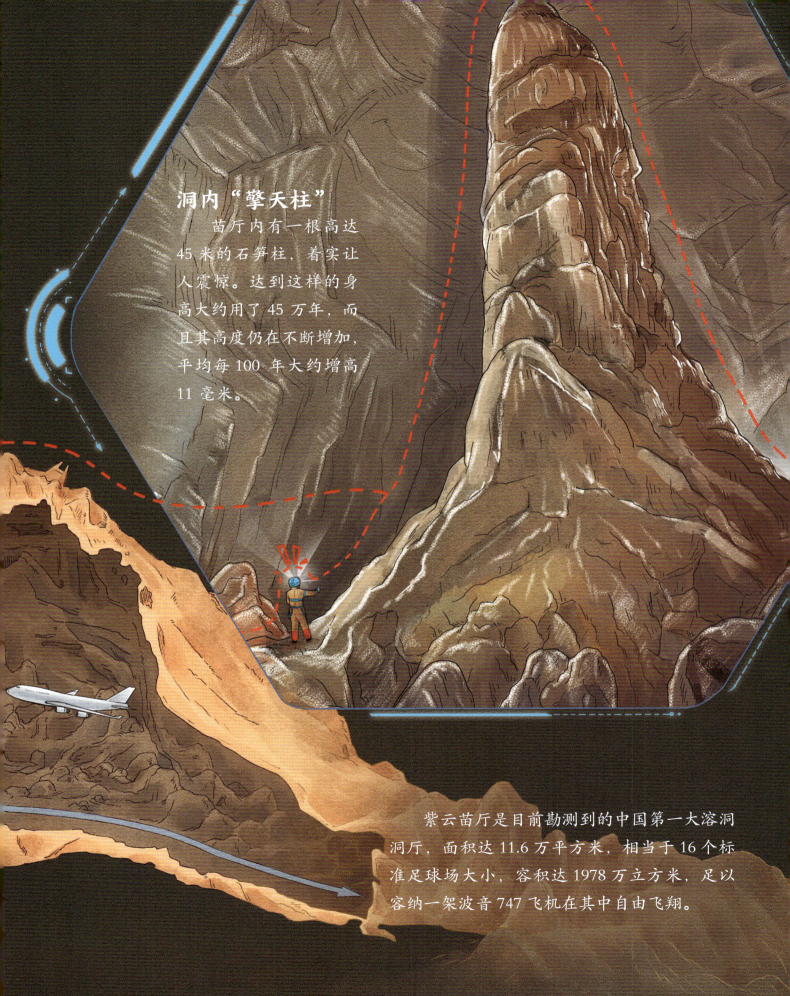

洞内"擎天柱"

苗厅内有一根高达45米的石笋柱，着实让人震惊。达到这样的身高大约用了45万年，而且其高度仍在不断增加，平均每100年大约增高11毫米。

紫云苗厅是目前勘测到的中国第一大溶洞洞厅，面积达11.6万平方米，相当于16个标准足球场大小，容积达1978万立方米，足以容纳一架波音747飞机在其中自由飞翔。

"世界自然遗产"重庆武隆芙蓉洞

重庆武隆芙蓉洞位于中国重庆市武隆区江口镇芙蓉江畔，洞群庞大，地下河水系星罗棋布，是一座大型石灰岩洞穴，全长 2700 米，大约形成于 120 万年前。

巨幕飞瀑

这是一种巨型石幔，高 30 余米，宽 21 米，至今已生长 15 万年。

2007 年，包含芙蓉洞的武隆喀斯特与云南石林、贵州荔波喀斯特一起作为"中国南方喀斯特"被正式列入《世界遗产名录》。

珊瑚瑶池

这里水质清亮，池边有流石坝控制着水面。池中珊瑚状堆积物是方解石晶花。

鹅管形成

石钟乳发育

石钟乳

石笋

石柱

钟乳石是如何形成的?

钟乳石,是指碳酸盐岩地区洞穴内,在漫长地质历史中和特定地质条件下形成的不同形态的碳酸钙沉积物的总称,包括石钟乳、石笋、石柱等。

芙蓉洞内次生碳酸钙沉积物丰富,形态完美,包括石幔、钟乳石等70多种沉积类型。芙蓉洞以竖井众多、洞穴沉积物类型齐全而著称,被誉为"地下艺术宫殿"和"洞穴科学博物馆"。

生机勃勃的黑暗洞穴

在幽暗深邃的岩溶洞穴中，隐藏着一个热闹非凡的生物王国，居住在这里的洞穴生物种类繁多。尽管这里资源稀缺，生态环境脆弱，生态系统平衡容易被破坏，这些生物却依旧展现出了惊人的生命力。

有光带

洞口光线较充足，光照强度随四季变化。这里生活着草本植物和偶穴居动物。

弱光带

洞口向里，光线变暗，是基本可见的区域。这里生活着喜穴居动物。

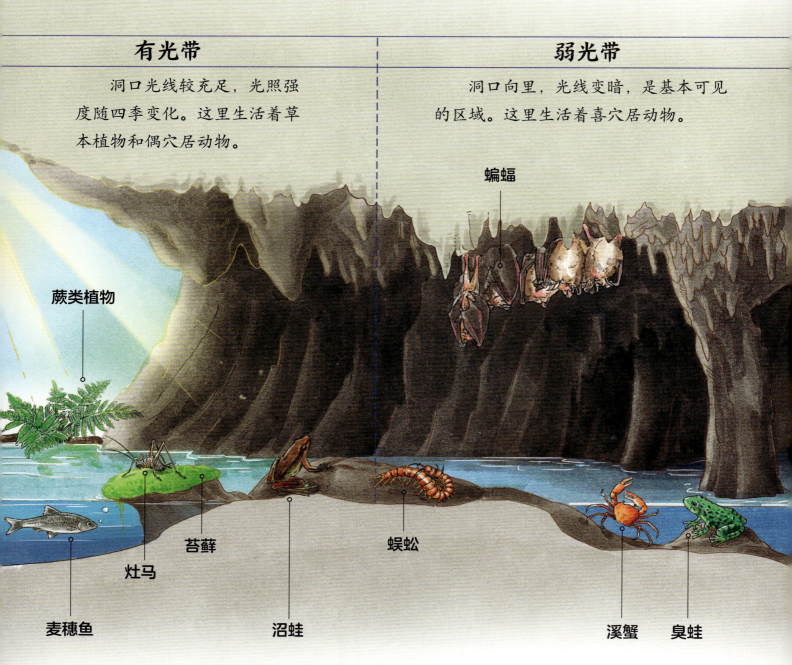

蝙蝠

蕨类植物

苔藓

蜈蚣

灶马

麦穗鱼

沼蛙

溪蟹

臭蛙

偶穴居动物。 偶尔进入洞穴居住的动物，不能在洞穴内完成其生命周期，如蜓类、蚊类、鸟类和部分蜘蛛等。

喜穴居动物。 可生活在洞穴内，也可生活在洞穴外的洞穴动物，如蝙蝠、螃蟹、虾、蛙类和部分蜘蛛等。

随着洞穴深入，光线由明至暗，洞穴被自然分为有光带、弱光带和黑暗带，每个区域都孕育着独特的生物群落。这些小家伙为了生存，演化出了各种奇妙的形态和本领，有的长出了超长触须，有的褪去了色彩，还有的视觉退化，纷纷演绎着生命的奇迹与适应的奥秘。

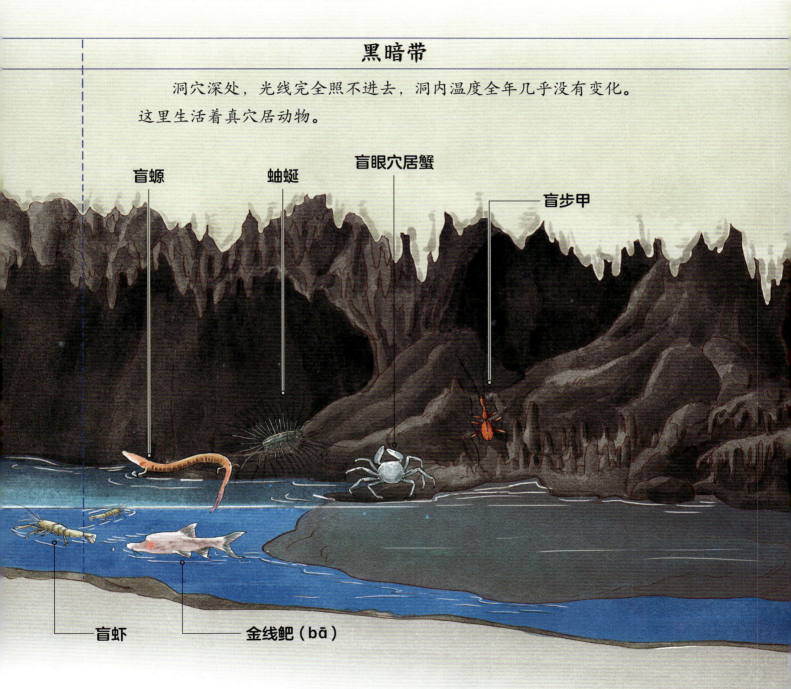

黑暗带

洞穴深处，光线完全照不进去，洞内温度全年几乎没有变化。这里生活着真穴居动物。

盲螈　　蚰蜒　　盲眼穴居蟹　　盲步甲

盲虾　　金线鲃（bā）

真穴居动物。 生活在洞穴的黑暗地带，并在洞穴内完成其生命周期，它们的体色呈透明或白色，视觉退化，甚至没有眼睛，但其他感觉器官发达，如盲鱼、盲虾、盲步甲、弱蛛、盲潮虫等。

身怀绝技的洞穴动物

为适应地下洞穴的生存环境,洞穴动物的形态、生理、习性均发生了明显变化。

靠回声定位的蝙蝠

岩溶洞穴为蝙蝠提供了良好的栖息环境,这里分布着多种蝙蝠。大多数蝙蝠以夜间飞行的昆虫为食,小鼠、蛙等小型动物也在其食谱上。蝙蝠靠声音辨别方向,它们先是发出人耳听不见的超声波,然后通过回声定位感知猎物的方位。

行动敏锐的盲螈

盲螈是生活在洞穴深处的水陆两栖动物,因长期适应黑暗环境,视觉退化,眼部被皮肤覆盖。但它们演化出发达的感受器,能通过身体感知周围化学物质与电信号的变化,精准捕食蛞蝓等小型猎物。

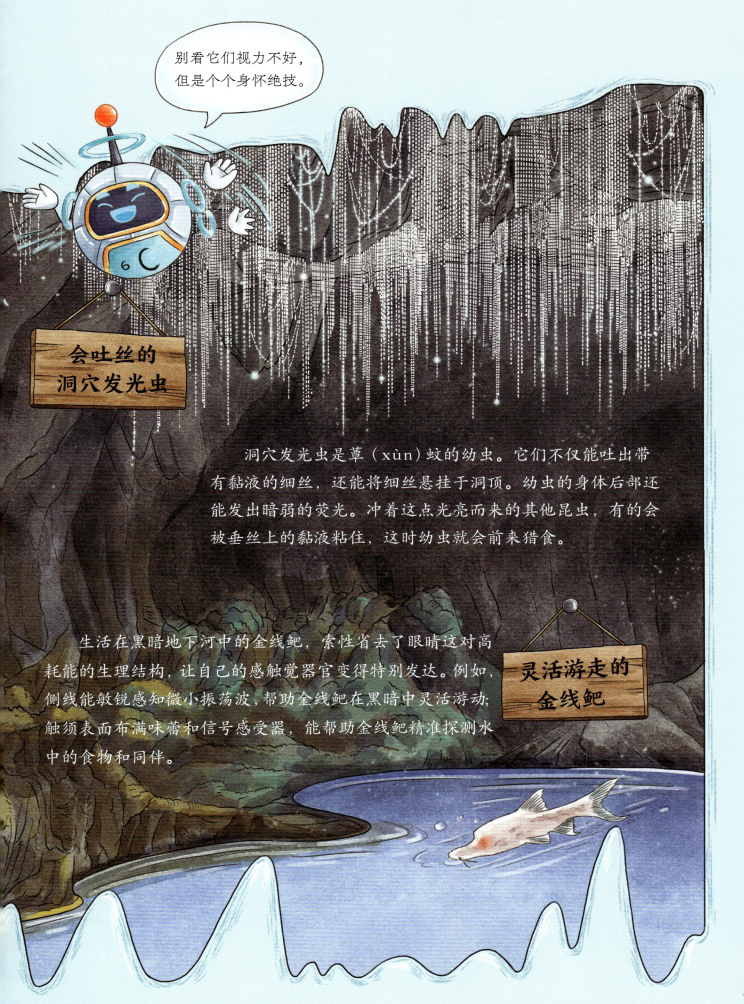

别看它们视力不好，但是个个身怀绝技。

会吐丝的洞穴发光虫

洞穴发光虫是蕈（xùn）蚊的幼虫。它们不仅能吐出带有黏液的细丝，还能将细丝悬挂于洞顶。幼虫的身体后部还能发出暗弱的荧光。冲着这点光亮而来的其他昆虫，有的会被垂丝上的黏液粘住，这时幼虫就会前来猎食。

生活在黑暗地下河中的金线鲃，索性省去了眼睛这对高耗能的生理结构，让自己的感触觉器官变得特别发达。例如，侧线能敏锐感知微小振荡波，帮助金线鲃在黑暗中灵活游动；触须表面布满味蕾和信号感受器，能帮助金线鲃精准探测水中的食物和同伴。

灵活游走的金线鲃

"植物保险箱" 天坑

天坑是岩溶地貌中的一种超大型负地形，从地下通向地面，底部与地下河相连接，四周是围成一圈的陡峭岩壁，形成一个超级巨大的深坑，宽度和深度均大于100米。从高空俯瞰，宛如大地的眼睛。围成天坑的岩层主要是非常厚的碳酸盐岩层。

塌陷型天坑

地下河

①河水下渗，形成地下河。

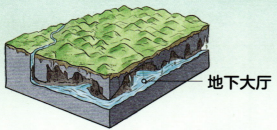

地下大厅

②地下河长期冲蚀，形成地下大厅。

天坑

③地下大厅顶部崩塌，形成天坑。

冲蚀型天坑

凹地裂隙

①地面河水汇聚流入凹地裂隙。

落水洞

②河水继续向下、向周边溶蚀，形成落水洞。

天坑

③自上而下扩大成天坑。

40

天坑为何会成为植物的天堂？

天坑内随处可见的崖缝、凹坑、小石洞等各种小地形，让天坑拥有多种微小生境，再加上天坑内部与外界相对隔绝，岩壁随处有落水渗出，底部常与地下河连通，促使天坑成为水汽十足、温度适宜的超级"大温房"。这个"大温房"能为很多植物提供理想的生长环境，天坑也因此拥有了丰富的植物多样性。

这里的珍稀植物不仅种类繁多，而且长势喜人。

报春花属

秋海棠属

石蝴蝶属

球兰属

大花石蝴蝶
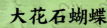
已消失 124 年，于 2021 年在云南蒙自天坑崖壁的石缝里再次发现。

消失百年，天坑"归来"

竹生羊奶子
已消失 106 年，于 2021 年在云南蒙自天坑再次发现。

硬叶兜兰

带叶兜兰

束花石斛

长瓣兜兰

绿化杓兰

为何兰科植物尤爱"天坑"？

特殊的气候和地质历史条件，演化出了石面、石缝、石坑、石洞等多种小生境类型，与兰花常生长在深山幽谷的山腰谷壁或峭壁，透水和保水性良好的山坡或石隙的特性相符，催生了极大的兰科植物物种多样性。

丘北冬蕙兰

天贵卷瓣兰

共同守护岩溶生态家园

岩溶区不仅地貌景观巧夺天工，更是凭借其独特的生态系统和生物群落发挥着不可替代的重要生态功能。比如其中的植物、动物、土壤和水就像护身符一样合力守护着这里。然而这套生态系统的平衡和物种多样性都非常脆弱，一旦遭受破坏，就很难恢复。

植物

好似保护罩，转化阳光，吸收二氧化碳并释放氧气，为这里提供基础的物质能量和新鲜空气。同时，植物的根系还能网住土壤层，减少水土流失。

动物

好似守护精灵，它们在食物链中各司其职，和植物共同谱写了岩溶区的生物多样性。

地下水

好似血液，源源不断地滋养着这里的植物、动物、土壤等。如果岩溶地下水变少或者受到污染，这里的整个生态系统都会受到影响。

土壤

好似皮肤，但这层"皮肤"特别薄，一旦遭到破坏就很容易剥落，让地表无处蕴含水分和养分，也让植物无处扎根。

如果土壤流失，水体被污染，原本生活在这里的植物和动物也将随之消失。从此，这里将变得孤寂无声、一片荒芜。

守护岩溶生态家园的呼唤

请合理利用资源，加倍珍惜和保护地球的独特宝藏——岩溶生态系统。共同维护这个宝贵而脆弱的岩溶生态家园，为地球的持续健康运行贡献力量！

43

感谢你一路陪伴碳宝在岩溶世界里探险!
探险还在继续,让我们带着好奇心去发现更多!

第三章
岩溶碳汇缓解地球"高温"

噩梦警示旱涝连击

好饿！

好渴！

碳宝在梦中经历了一系列灾难。它梦见全球持续变暖，并由此引发了岩溶区的旱涝灾害，那里的地貌和生态都遭到了严重的破坏。在旱涝极端天气的摇摆冲击下，岩溶区的水文循环和生态系统变得更加脆弱。

一直不下雨，洞外快被晒干了，洞里的地下河也消失了，蝙蝠都快饿死了！

严重的干旱，让岩溶区的动物和植物备受煎熬（快要奄奄一息了）！

47

难以承受的岩溶危机

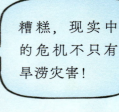

糟糕，现实中的危机不只有旱涝灾害！

　　全球变暖引发降雨量的大幅波动，这进一步加剧了岩溶区时而干旱、时而内涝的情况，地下河时断时涨，地表水土流失严重，石漠化现象不断蔓延。不仅如此，人类工程带来的岩溶地质结构破坏和地下水污染等，也共同干扰着岩溶区的水文循环和生态平衡。

石漠化

　　人类对岩溶区自然资源的过度使用，导致这里的植被消退、土壤流失、岩石裸露。曾经的动植物天堂荡然无存。尤其是在云贵高原，石漠化现象正悄然蔓延。

怎么只剩下光秃秃的石头！花草树木都去哪儿了？！

塌陷

　　岩溶塌陷就像一场突如其来的地震，无声却破坏力巨大。它摧毁了房屋，损毁了道路，破坏了农田，威胁到了动植物和人类的生命。这样的灾害几乎每年都在发生，给人类社会造成了巨大的经济损失。

80%的岩溶塌陷都是人类工程诱发的！请人类一定要安全施工，避免诱发岩溶塌陷！

旱涝灾害

干旱和洪涝灾害交替发生。不下雨的时候，地表缺水，植被枯萎。雨季一来，岩溶洼地积水内涝，人类家园和庄稼都被淹没了。广西是典型的岩溶区代表，旱涝灾害几乎成了每年的常态。

少雨就旱，下雨就涝！

地下水污染

人类生活和生产的污水排泄并渗透到了岩溶区的地下河水中，污染了滋养这片大地的水源。这将对人类的健康造成巨大威胁。碳宝在梦中焦急地寻找解决方案，希望人类能够意识到保护地下水的重要性。

糟糕，地下水也被污染了！

太可怕了！岩溶区的现实危机比梦境更可怕！估计全球的现状也不容乐观！

这种旱涝交替现象的背后隐藏着更深层次的问题——地球的气候正在发生大变化。究竟是什么原因导致了这些极端天气频繁出现呢？

地球真的发烧了！

河流在干旱中枯竭，大地在热浪中裂开！全球变暖让地球面临着多重威胁。

啊，地球真的发烧了！梦里的警示是真的！

碳宝，人类排放到大气中的二氧化碳越来越多，这让我头疼脑热，浑身难受，我的碳循环系统快要崩溃了！

新闻短讯

全球变暖，引发多重威胁！

· 干旱加剧，山火频发；

· 风暴肆虐，房屋被毁；

· 海洋变暖，珊瑚白化；

· 冰川融化，海面上升；

· 极端天气频发，全球食物匮乏；

· 北极熊无家可归，海象无处繁育。

二氧化碳的"历史大拐弯"

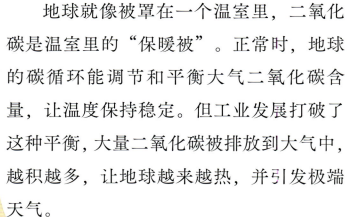

地球就像被罩在一个温室里，二氧化碳是温室里的"保暖被"。正常时，地球的碳循环能调节和平衡大气二氧化碳含量，让温度保持稳定。但工业发展打破了这种平衡，大量二氧化碳被排放到大气中，越积越多，让地球越来越热，并引发极端天气。

约 5 亿年前的"热地球"

大气二氧化碳浓度高达 7000×10^{-6}。地球又热又闷，但正是这样的环境，让海洋里的生物蓬勃发展进而实现登陆，从此开启生物演化的新篇章。

约 3 亿年前的"降温"

大气二氧化碳浓度突然大幅下降，一度降到 400×10^{-6} 左右。但同时期的地壳运动引发系列大型火山活动，持续喷出大量二氧化碳，使大气二氧化碳浓度再次翻番，直奔 800×10^{-6}。

约 1400 万年前的"冰河前奏"

恐龙灭绝后，地球进入新生代。大气二氧化碳浓度慢慢降到 400×10^{-6} 以下，逐渐接近现代水平。从那时起，地球开始变冷，冰期也慢慢出现了。

现在的"高烧不退"

大气二氧化碳浓度在 2024 年达到了 200 万年以来的最高值，即 $427×10^{-6}$！2024 年也因此成为有记录以来最热的一年，全球海温也随之创下历史新高，攀升至 20.87 摄氏度！

现代的"升温危机"

工业革命之后，大气二氧化碳浓度从 $280×10^{-6}$ 一路攀升到 $400×10^{-6}$，在 2021 年达到 $419.13×10^{-6}$，2023 年微降到 $417.9×10^{-6}$。自工业革命以来，人类燃烧着大量的煤炭、石油和天然气等化石燃料，向大气中持续释放大量的二氧化碳，温室效应越发严重，地球变得越来越热。

一万年前的"稳定期"

直至工业革命之前，大气二氧化碳浓度一直稳定在 $280×10^{-6}$ 左右。

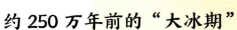

约 250 万年前的"大冰期"

大气二氧化碳浓度进一步降低，降到 $270×10^{-6}$ 到 $280×10^{-6}$ 之间。地球从此正式进入冰期，这个浓度一直保持到早期智人的出现。

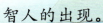

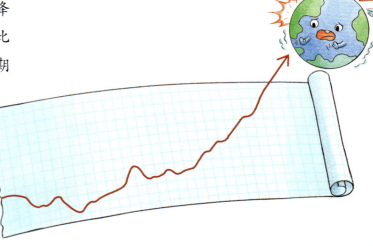

全球变暖的危害

全球气候变暖正在威胁着全球生态，随之而来的是冰川消融，海平面上升，台风、暴雨等极端天气频发。由此带来的强降雨，加剧了洪涝、泥石流、滑坡、塌陷等地质灾害的发生，而这一切都在威胁着人类的生存安全。

冰川消融

过多的热量会加速南北极冰川融化，海平面上升，冰川动物流离失所。

海平面上升

更多陆地被海水覆盖，更多岛屿和沿海受到威胁。

极端天气频发

台风、暴雨、洪水、干旱等极端天气出现得愈发频繁、愈发强烈，这些都是地球"发烧"的直接症状。

生物多样性降低

随着全球变暖，森林、湿地、珊瑚礁等生态系统的平衡被破坏，动植物栖息地被破坏，越来越多的物种面临灭绝的威胁，生物多样性正在降低。

农业减产

突变的天气和紊乱的气候，直接影响着农作物的正常生长，导致减产，这将使全球人类面临食物匮乏。

人类健康风险增加

天敌锐减，蚊虫肆虐，让疟疾、登革热等疾病有了更多传播病毒的媒介；热浪、寒潮等极端天气，诱发了更多的心肺疾病。人类健康正面临着巨大挑战。

古气候的记录者：石笋

　　石笋作为岩溶地貌的一种沉积形态，是水、可溶性岩石、二氧化碳气体相互作用的结果，这个过程持续几十甚至上百万年。任何一次气候环境变化都会引发石笋沉积条件的改变，这些改变都会对应不同的沉积结果。

石笋是溶洞中的碳酸钙沉积物，其沉积速度缓慢，平均每1万年才长高大约0.6米。由于洞内石笋几乎不受风化侵蚀等外力影响，所以是目前最为理想的记录古气候变化的载体。一根普通的石笋能完整记录长达几十万年的气候变化。

石笋的沉积过程对环境变化非常敏感，例如水滴的大小、多少、含钙量等，这些都会给石笋带来不同的沉积结果。

碳宝前辈，您可真厉害！地球这几十万年间的气候变化全都被您详细记录在了这份石笋成长日记里！

怎样通过石笋获取古气候变化的信息？
科学家通过分析石笋在沉积过程中形成的沉积纹层和沉积物质的组成与变化，来计算石笋的沉积年龄和对应古气候时期的气候变迁。

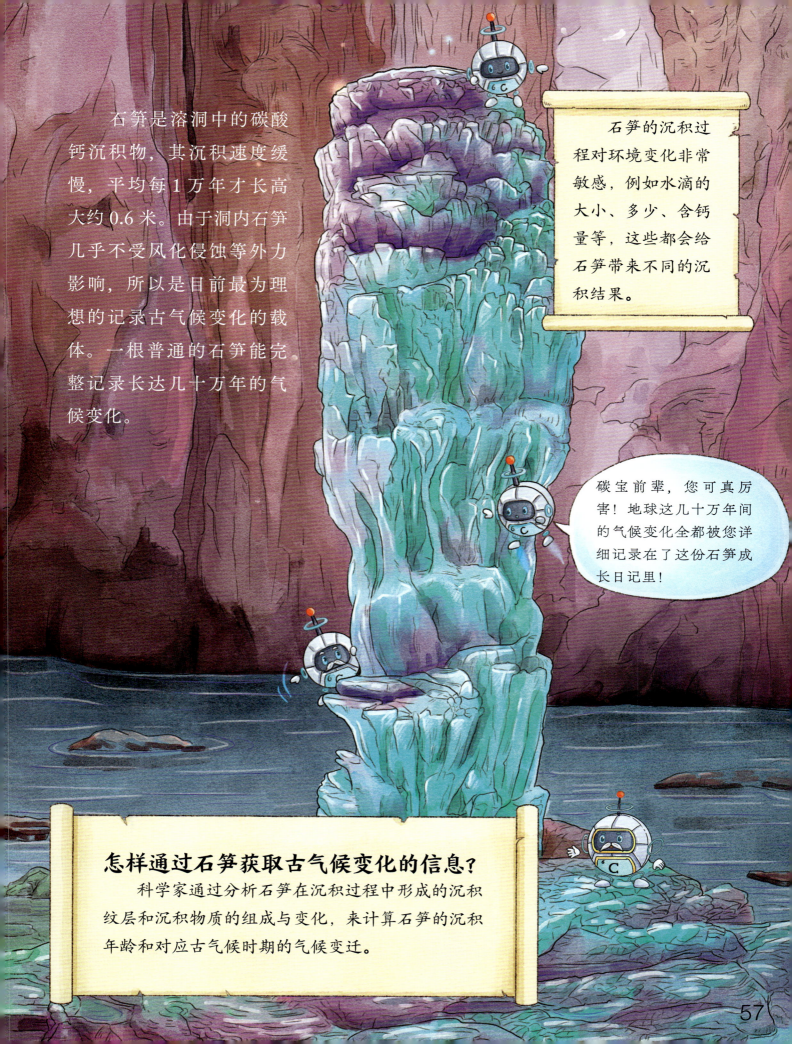

碳宝的"石笋成长日记"

XX 年 XX 月 XX 日　晴转多云

今天，我静静地躺在洞穴底部的石笋上，感受着水滴的掉落。每一滴水里都含有让石笋长高的矿物质。我发现，今天的水滴数量比昨天多了很多，估计是洞外世界进入了雨季。我看到水滴中的碳酸钙等矿物质，随着水滴一滴一滴地在石笋上沉积着，石笋也一点一点地长高、长壮。

XX 年 XX 月 XX 日　大雨

这几天，洞穴里的空气变得越发湿润起来。我猜，外面的世界正在经历一场特别大的降雨，又或者是一场大洪水。大量的地表水顺着岩石裂隙渗进地下，只见洞顶滴落着密集的水滴。石笋的生长速度也跟着加快很多，这可真是大自然的馈赠啊！

XX 年 XX 月 XX 日　多云转晴

今天，我观察到了一些不同寻常的现象。洞顶滴落的水滴变得稀少，洞内的空气也越来越干燥。这可能是洞外干旱的前兆。你瞧，石笋的生长速度也随之减慢了，但我并不担心。因为，这只是地球气候周期变化的其中一个环节，下一个雨季迟早会到来。

XX 年 XX 月 XX 日　多云转小雨

看来雨季再次到来了。今天，洞里一改往日的干燥，水滴滴落的滴答声此起彼伏，洞内又恢复了往日的生机。石笋继续生长着，我也继续在石笋日记里记录着洞内洞外的每一次变化。

XX年XX月XX日 晴

今天，一群科学家进入了洞穴，他们可真勇敢，这个洞穴可深着呢！他们发现了我的石笋日记，不仅视若珍宝，还小心翼翼地切开，仔细分析我日记本里的详细记录。他们似乎能看懂我独特的石笋"纹层"字，还说像"树木年轮"，虽然我还没见过树木年轮。旁听他们的讨论，我有些明白了。原来，就像通过数树木年轮的圈数可以计算这棵树的年龄一样，通过分析石笋的纹层层数也可以得知这根石笋的地质年龄。他们可真是一群见多识广的科学探险家！

XX年XX月XX日 晴

今天，洞穴里不仅来了几位科学家，还来了一小队同样戴着头盔的学生。这些学生称最年长的科学家为袁老师。我看到袁老师带着大家一边考察洞穴，一边讲：

"石笋的形成过程是沿着底部向上沉积，纹层就是这样一层一层积累起来的。当没有进入旱季时，石笋的纹层沉积不仅连续，而且有着清晰的边界，通过纹层数就可以计算这段时期石笋增长的年龄。如果进入旱季，洞内缺水，水滴明显减少甚至没有，这会导致石笋的纹层沉积中断，石笋暂停生长，遇到这种情况，科学家会用一种叫作'U系定年'的方法来计算石笋有多长时间是只长年龄不长个子。

"另外，我们还能通过观察石笋自下而上的外形变化，测量石笋不同纹层的物质成分变化，分析得出过去的冷暖、降雨量等古气候变化，甚至还借助石笋里的独特信息，揭示了古往今来热带地区厄尔尼诺现象的变化规律。"

哇，真没想到我的石笋日记有这么高的科研价值，这让我感到非常自豪！

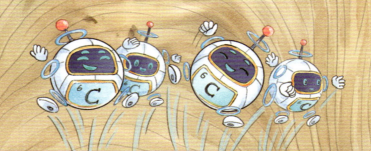

岩溶作用：庞大的二氧化碳调节系统

不仅植物的光合作用可以吸收二氧化碳，以碳酸盐岩为主的可溶性岩石也会吸收二氧化碳，我们叫它岩溶碳汇。大体就是可溶性岩石会与溶解了二氧化碳的水流发生化学反应，正是这个溶蚀过程将空气中的二氧化碳移入水中，从而降低了大气中二氧化碳的浓度。

碳宝，你不仅是古气候变化的见证者，你还是激活岩溶作用给地球降温的好帮手呢！

什么是岩溶碳汇？

岩溶碳汇是指碳酸盐岩被溶蚀时，吸收大气或土壤中的二氧化碳的过程。

原来，当我和流水一起雕琢岩溶作品时，还同时吸收了二氧化碳，帮地球降温了呢！

岩溶碳汇的主要化学原理

电闪雷鸣、大雨倾盆！爱探险的雨水从天而降，奔赴大地。在地球的岩溶地区，雨水巧遇同样正在探险的碳宝（变身二氧化碳的碳宝）。雨水和碳宝初次见面就一拍即合，携手继续这场充满未知的岩溶探险之旅。

碳－水－岩－土的协作

碳宝以二氧化碳的形式和雨水一起溶解在地表水之中。二氧化碳溶解在水中，使水体变为弱酸性，从而获得了能溶蚀碳酸盐岩的神奇能力。一路上，越来越多的雨水和二氧化碳加入地表水，使地表水中弱酸性水的含量不断增加。

当弱酸性水"团队"流经土壤时，土壤中的二氧化碳也跟着溶解于其中。弱酸性水的水量越聚越多，它持续溶蚀碳酸盐岩的实力也变得越来越强。

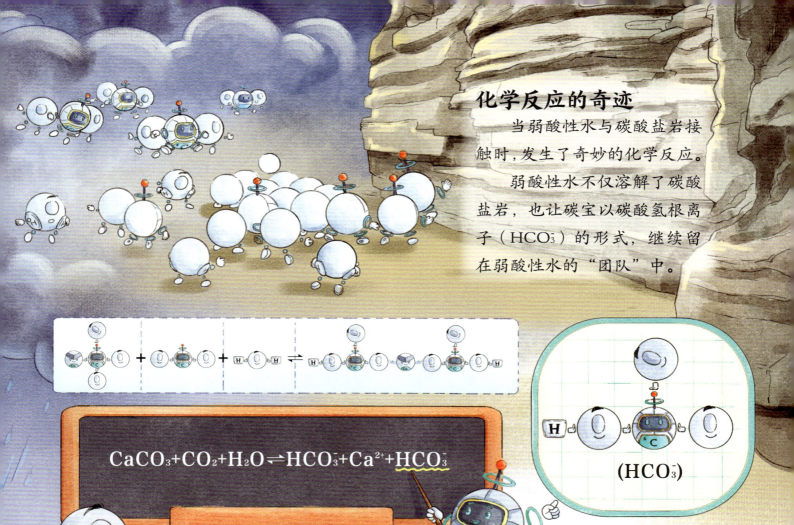

化学反应的奇迹

当弱酸性水与碳酸盐岩接触时，发生了奇妙的化学反应。

弱酸性水不仅溶解了碳酸盐岩，也让碳宝以碳酸氢根离子（HCO_3^-）的形式，继续留在弱酸性水的"团队"中。

$$CaCO_3+CO_2+H_2O \rightleftharpoons HCO_3^-+Ca^{2+}+\underline{HCO_3^-}$$

(HCO_3^-)

碳宝实验室：二氧化碳都去哪儿了？

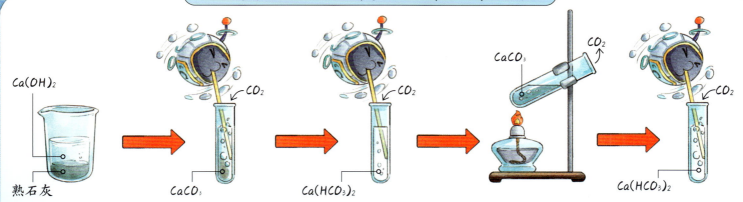

$Ca(OH)_2$

熟石灰

$CaCO_3$

$Ca(HCO_3)_2$

$CaCO_3$

CO_2↑

$Ca(HCO_3)_2$

1. 将熟石灰放入水中搅拌，静置澄清得到 $Ca(OH)_2$ 溶液，将透明液体倒入试管中。

2. 用试管向水里吹空气，空气中的 CO_2 与溶液中的 $Ca(OH)_2$ 反应，生成不溶于水的 $CaCO_3$。透明液体变浑浊。

3. 继续向浑浊液体里吹入空气，空气中的 CO_2 与不溶于水的 $CaCO_3$ 反应，生成溶于水的 $Ca(HCO_3)_2$ 反应。浑浊液体变透明。

4. 给透明液体加热，溶于水的 $Ca(HCO_3)_2$ 受热分解为 CO_2 气体和不溶于水的 $CaCO_3$。透明液体再次变浑浊。

5. 继续向浑浊液体吹入空气，空气中的 CO_2 与不溶于水的 $CaCO_3$ 反应，生成溶于水的 $Ca(HCO_3)_2$。浑浊液体再次变透明。

$$Ca(OH)_2+CO_2=CaCO_3\downarrow+H_2O$$

$$CaCO_3+CO_2+H_2O \rightleftharpoons Ca^{2+}+2HCO_3^-$$

碳宝的栖身之所

流水中的碳酸氢根离子不断增加，在流水中逐渐达到饱和，至此，流水溶蚀碳酸盐岩的能力开始下降。

碳宝的地下踪迹

探险的队伍愈发拥挤，一部分碳宝选择留在洞穴中。这其中的一部分碳宝去建造钟乳石了，而另一部分则飞到洞穴的空气中，等待加入下一支探险队伍。

在洞穴深处，被泉眼的神秘力量吸引的碳宝，紧随水流，一起喷涌而出。

出口处的光亮如同希望的灯塔，连接黑暗与光明，引导着碳宝从洞穴或地下河流进入广阔天地间的地表河流。

碳宝融入水中的植物

在阳光的照耀下，只见水中的植物敞开怀抱，拥抱着水中变身为二氧化碳的碳宝。有些碳宝被植物吸收，以营养有机物的形式成为它们身体的一部分。

有些碳宝则暂时栖息在宁静的湖泊之中。

然而，还有很多碳宝并未停下脚步……

碳宝投入海洋的怀抱

这些碳宝继续跟随流水，日夜兼程奔赴浩瀚的海洋。在海洋的碳汇探险队伍里，继续为地球的碳循环贡献力量。

自然碳汇大家族

　　全球岩溶分布面积约为 2200 万平方千米，约占陆地面积的 15%，岩溶风化作用过程中的岩溶碳汇是全球碳循环的重要调节者之一。岩溶碳汇能够将大气中的一部分二氧化碳固定下来。与此同时，森林、海洋、土壤，以及草地与湿地等碳汇类型也在全球碳循环中扮演着重要角色。这些碳汇共同组成了地球的碳吸收系统，它们在维护地球生态平衡方面都具有不可替代的作用。

海洋碳汇
占比 26%

土壤碳汇
占比 15%

岩溶碳汇
占比 10%

森林碳汇
占比 30%

自然碳汇主力

其他碳汇
占比 19%

小贴士

碳汇是指通过自然过程或人类活动，从大气中吸收并固定二氧化碳的过程、活动或机制。

一起来看看中国岩溶的情况吧！

约 2200 万平方千米

约 334 万平方千米

中国岩溶面积　全球岩溶面积

中国岩溶面积约 344 万平方千米，约占全球岩溶面积（约 2200 万平方千米）的七分之一。

约 5.5 亿吨／年

约 0.51 亿吨／年

中国岩溶碳汇量　全球岩溶碳汇量

中国岩溶碳汇量约为 0.51 亿吨／年，约占全球岩溶碳汇量（约 5.5 亿吨／年）的十分之一。

可别小瞧这两组数据，应对全球气候变化，我们岩溶碳汇的贡献可是不小呢！

但是地球的地表温度仍然在不断上升，特别是从工业革命到现在！

啊，我的石笋日记里还不曾记录过这种现象！

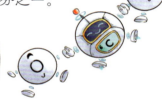

要怎么做才能不让地球越来越热呢？

截至 2024 年：422.5×10^{-6}

1760 年（工业革命前）：280×10^{-6}

大气二氧化碳浓度／$\times 10^{-6}$

近 1000 年中
大气二氧化碳浓度变化

67

岩溶人工增汇之外源水引入

如何减缓全球变暖？人类的行动至关重要。在此背景下，岩溶碳汇领域的人工增汇技术应运而生，进一步增强了岩溶区对二氧化碳的吸收与储存能力，有效提升自然界的碳汇功能，助力地球降温。

看！科学家们已经来实地考察啦！

在广西桂林毛村的地下河流域，科学家发现，从外面流进来的水（外源水）对土下碳酸盐岩的溶解速度，比当地岩溶水对土下碳酸盐岩的溶解速度快很多倍，甚至能达到几十倍。如果利用这种外源水来灌溉岩溶区，就好比给当地增加了额外的"降雨量"，让水和岩石之间的相互作用更频繁。这样一来，土下碳酸盐岩的溶解速度也会加快。

引入岩溶区以外的水会有不良影响吗？

碳宝，你提的问题很好！在岩溶区引入外源水需要考虑很多因素。

引入外源水之前，岩溶区的"小脾气"要摸清

在岩溶区引入外源水，就像邀请新邻居，得提前做好准备工作。岩溶区的地质复杂，外源水可能扰动岩溶结构，引发"小地震"；岩溶区的水环境也敏感，外源水的水质、水量都得考虑，不然可能"水土不服"。在岩溶区建水渠更是大事，稍不注意就破坏生态。所以，引入外源水前，得摸清岩溶区的"小脾气"，确保外源水为岩溶区助力，而不是添乱。

岩溶人工增汇之沉水植物培育

人为干预提高岩溶碳汇效应的途径还有"沉水植物培育"。沉水植物的筛选和培育，能有效提升岩溶系统的碳吸收和碳固定能力，增加岩溶水生系统的碳汇量。

沉水植物的神奇本领

沉水植物通过自身的植物酶促作用，把水里的碳酸氢根离子分解成二氧化碳和水。然后，这些植物再利用光合作用，把分解出来的二氧化碳吸收掉。这样一来，不仅能让岩溶区吸收更多的碳，还能让流水"变得更厉害"，增强它对岩石的溶蚀能力。

沉水植物

植物体全部位于水面之下，营固着生活的大型水生植物，有些会在花期把花伸出水面。

什么是植物酶促作用？

植物通过酶来帮忙，把一些复杂的物质分解成简单的成分。

科学家发现，海菜花在分解碳酸氢根和吸收二氧化碳等方面表现出色。

70

让沉水植物"落户"岩溶区，有哪些挑战？

如果培育过多的海菜花或者别的水生植物，它们的死亡植株可能会加剧水体的富营养化，这会导致藻类疯长。这样一来，水下的生态平衡、水质的洁净程度，还有水里的氧气含量都会受到影响。因此，我们需要搞清楚怎样培育好这些植物，怎样管理好它们，怎样能让它们更好地吸收水中的碳酸氢根离子，同时又不干扰现有的水生生态系统平衡。另外，还得考虑培育这些水生植物需要多少费用等问题。

关于沉水植物的岩溶增汇方案真棒，但还是要不断完善，才能放心实施。

如果不好好管理，我们藻类可是要疯长哟！

既然光合作用这么给力，咱们就顺着这条思路继续解锁更多增汇妙招儿吧，比如搞个"植树造林大作战"！

岩溶人工增汇之植被恢复

植树造林很重要，但植被恢复是更全面的"升级版"。它不仅包括种树，还涵盖草地、湿地等多种植物群落的恢复。

这样，植物通过光合作用吸收二氧化碳，土壤也能更好地储存碳，减少二氧化碳排放。同时，植被恢复还能加速下面的岩石溶解，提升岩溶碳汇能力，助力地球降温。让植物、土壤和岩石协同"工作"，效果加倍！

有更多的二氧化碳从大气中出来了！

树木不仅能通过光合作用吸收大气中的二氧化碳，转化为自身的有机物，还能通过它们庞大的根系网络深入土壤，减少水土流失，促进有机碳的积累。根系分泌物还能滋养土壤微生物，帮助土壤更稳定地储备碳。

植物根系分泌物

土壤微生物

在广西，2006 年到 2016 年这十年间，封山育林的"魔法"让秃山变青山，植被覆盖率呈指数级增长，岩溶碳汇量更是年年翻倍！

植被恢复在岩溶碳汇中是一种有效且生态友好的增汇方式，但也需要结合具体情况选择合适的恢复模式，避免潜在的风险。

没错，恢复植被的同时，科学家也在持续分析和调整具体方案。

植被恢复到底有多"酷"？

植被恢复能增加降雨渗入，减少水土流失，补充地下水，加速碳酸盐岩溶解，从而改善岩溶区水文地质。它还能为沉水植物提供更充沛的水资源和更多的碳酸氢根离子，整体增强岩溶区的碳汇能力。不仅如此，植被恢复能为生物提供栖息地，保护岩溶区生物多样性，构建更稳定的岩溶生态系统。

岩溶人工增汇之土壤改良

岩溶区土壤因长期受雨水冲刷，肥力流失，结构松散，保水保肥能力差，植被难扎根。改良后，土壤肥力提升、结构稳定，能留住水分和养分，减少水土流失。同时，为微生物提供良好的生存环境，促进生态恢复，还能增强碳汇功能。这不仅修复了生态，还为岩溶区披上了"绿衣"。

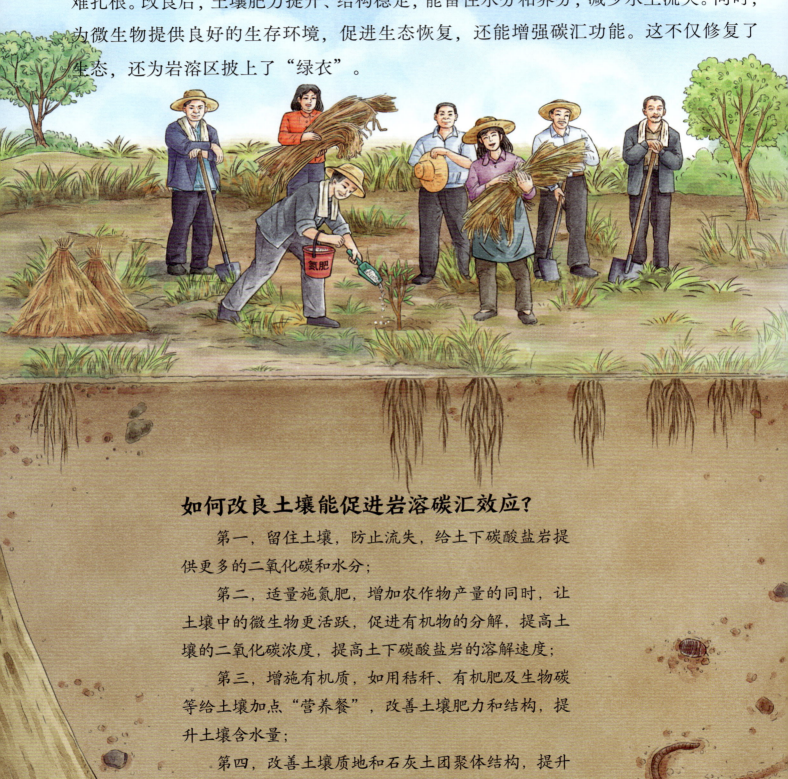

如何改良土壤能促进岩溶碳汇效应？

第一，留住土壤，防止流失，给土下碳酸盐岩提供更多的二氧化碳和水分；

第二，适量施氮肥，增加农作物产量的同时，让土壤中的微生物更活跃，促进有机物的分解，提高土壤的二氧化碳浓度，提高土下碳酸盐岩的溶解速度；

第三，增施有机质，如用秸秆、有机肥及生物碳等给土壤加点"营养餐"，改善土壤肥力和结构，提升土壤含水量；

第四，改善土壤质地和石灰土团聚体结构，提升土壤含水量、土壤生物活力和土壤碳循环效率。

在广西平果果化，科学家们正尝试用淤泥、有机肥、秸秆等改良土壤，探索增加岩溶碳汇的奥秘。研究发现，这些"神奇肥料"能提升土壤孔隙度与二氧化碳存储量，同时也让土下碳酸盐岩的岩溶碳汇猛增2~3倍！

碳宝，看！外源水引入、沉水植物培育、植被恢复和土壤改良，这四套方案都将在提升岩溶区的碳汇能力上，发挥巨大潜力！

哇，原来人类也一直在想尽办法将大气中的二氧化碳转移到其他地方去，好为地球降降温！

"碳中和"帮地球降降温

气候变化是地球面临的大难题，但人类找到了解决办法——碳中和！

别担心，碳宝和人类都在想办法帮你降温呢！

碳宝，你知道什么是"碳中和"吗？

碳中和？快给我讲讲吧！

人类通过固碳增汇和低碳科技等方式，来转化和减少大气中的二氧化碳等温室气体。

也就是说，让碳吸收和碳排放的量相当，达到像没有碳排放一样的效果？

没错！这样一来，就能帮地球对抗气候变化，保护地球生态。

太棒了！有了碳中和的帮助，我们又能为地球做更多贡献啦！

太好了！人类科技联手自然界的碳汇，未来一定能在地球碳循环中取得更好的固碳增汇成绩！

而且，它还能让我们朝着可持续发展的方向继续前进。

在实现碳中和之前，人类首先要设定一个碳排放的最高点，即峰值，这个峰值就是碳达峰。也就是说，在碳达峰之后，人类的碳排放量将不再增长并进入下降通道，同时也通过各种碳汇途径逐渐实现碳排放与碳吸收的平衡，直到最终实现碳中和。

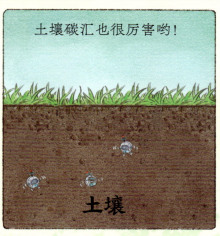

绿色计划："碳中和"的大行动

国家为实现碳中和，大力推广植树造林、可再生清洁能源、低碳经济等碳汇、碳封存与碳利用技术，合力实现碳中和目标，守护地球家园。

大力开展植树造林活动
共建碳汇森林

浙江省常山县的造林碳汇项目不仅让种树变得有价值，大树在吸收二氧化碳的同时，还为当地带来了经济效益。

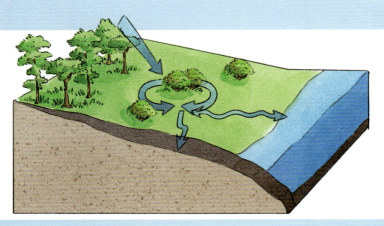

深挖蓝色碳汇潜力
利用海洋碳汇吸收二氧化碳

江苏省盐城市通过保护盐沼等海洋生态系统，让海洋成为吸收二氧化碳的宝库。

利用数字技术
为碳中和提供科技支持

中国信息通信研究院用数字技术赋能碳中和，他们的案例汇编帮助我们用科技手段实现环保梦想。

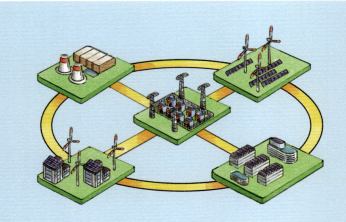

学习绿色榜样
推动本国城市发展

从弗莱堡到丽水，从横滨到西雅图，这些全球环保先锋城市在碳中和方面取得了显著成就，值得我们学习和借鉴。

推广清洁能源
减少对化石燃料的依赖

国家出台了一系列政策鼓励使用清洁能源，如建设太阳能发电站和风力发电场，替代传统的燃煤发电。

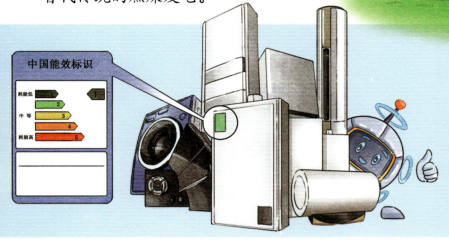

制定节能减排政策
提高能效标准

国家发展和改革委员会资源节约和环境保护司编写了《碳达峰碳中和案例选》，引领各行各业对抗能源浪费，实现节能降碳。

利用智慧能源生态平台
打造零碳园区

港华能源通过智慧能源管理，让园区变得更智能，实现了碳排放的大幅减少。

推动公共交通网络
鼓励绿色出行

国家通过政策扶持和基础设施建设，大力优化公共交通网络，降低交通领域的碳排放。

碳中和点燃新科技

2021年9月，中国科学家马延和及其团队在国际上首次报道不依赖植物的光合作用，将二氧化碳人工合成为淀粉的技术。未来，这项技术将继续升级，有望实现人工合成蛋白质和糖。这将为人类节约大量的土地和淡水。猜猜看，未来的馒头可能从哪里来？

人人都是"碳中和"卫士

实现碳中和，我们每个人都能出份力。多步行或骑行，低碳出行既锻炼身体又减少碳排放；学会垃圾分类，促进资源循环利用，减少垃圾填埋和焚烧产生的碳排放……这些生活中的小小行动，也能给地球添加绿衣裳，让地球更加美丽健康。

种树养花

在阳台或花园种下绿植，它们能吸收二氧化碳，释放氧气，就像空气小卫士。

步行、骑行

短途出行选择走路或骑车，减少碳足迹的同时，还能锻炼身体。

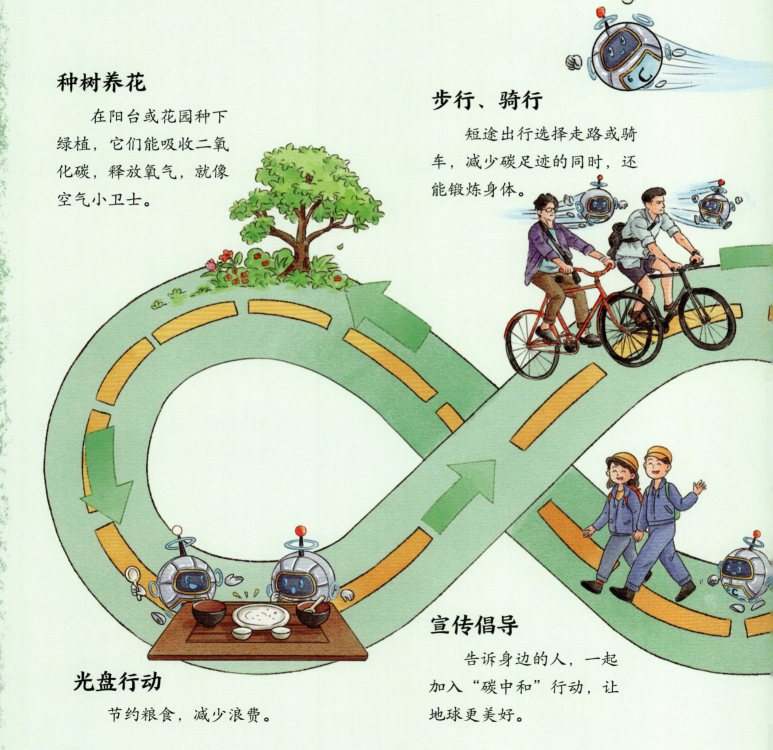

光盘行动

节约粮食，减少浪费。

宣传倡导

告诉身边的人，一起加入"碳中和"行动，让地球更美好。

垃圾分类

给垃圾分好类，让资源循环利用，减少填埋和焚烧。

可回收物

纸类、塑料、金属、玻璃和织物等。

有害垃圾

灯管、家用化学品和电池等。

厨余垃圾

家庭厨余垃圾、餐厨垃圾和其他厨余垃圾等。

其他垃圾

可回收物、有害垃圾和厨余垃圾以外的其他生活垃圾。

节能生活

使用节能电器

LED灯泡比传统灯泡更节能，让家里变成节能屋。

随手关灯

离开房间时及时关灯，让好习惯促进节约用电。

合理使用空调和电暖气

夏天调高空调温度，冬天调低电暖气温度，既不伤身体，又节能。

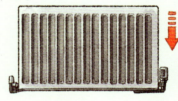

环保小厨师

减少食物浪费，尽量选择本地生产的食物，减少运输过程中的碳排放。

欢迎来到"碳中和"时代

"欢迎来到碳中和时代！在这里，我们的衣食住行全面升级。从轻盈环保的衣服，到每一餐的绿色盛宴，再到低碳节能的居所和每一次出行的低碳足迹。"这不仅是一场生活的变革，更是我们对未来的美好憧憬与承诺。让我们继续携手守护地球家园吧！

 衣着方面，倾向环保材质，并重视衣物的循环再利用。

少买一件长袖外套≈减少 7.5 千克碳排放

饮食上，偏好采购本地季节性食材，减少食物浪费，减少使用一次性餐具。

少用一双一次性筷子≈减少 0.02 千克碳排放

居住上，以绿色建筑为主，广泛应用节能技术，使用智能家居提升生活品质。

一起加入低碳生活吧！

长时间出门前及时关空调≈减少 4.8 千克碳排放

（按每台每年节约用电 5 千瓦时估计）

出行时，首选公共交通，推荐步行、骑行或自驾新能源汽车。

骑自行车 5 千米≈减少 0.7 千克碳排放

岩溶碳汇探索之旅

岩溶碳汇研究的历程是一场从开创到系统化，再到国际认可的科学探索之旅。

1990 年-1999 年
"开路先锋"袁道先院士

1990 年，袁道先院士通过国际地质对比计划（IGCP）项目，首次把岩溶作用与全球气候变化联系起来，提出岩溶参与全球碳循环并能吸收碳，为岩溶碳汇研究打下了坚实的理论基础。

2008 年-2010 年
岩溶碳汇概念诞生

科学家系统梳理岩溶作用在全球碳循环中的作用，总结岩溶吸碳过程，正式提出"岩溶碳汇"的概念，标志着岩溶碳汇研究进入系统化阶段。

2010 年至今
科研破疑，增汇创举

中国地质科学院岩溶地质研究所开展系统研究，提出岩溶流域碳循环模式，揭示岩溶碳汇的稳定性，并回应了国际上的质疑。同时，建立长期自动化监测网，开展碳汇调查，并探索通过外源水输入、沉水植物培育、植被恢复和土壤改良等人工干预措施增加岩溶碳汇的潜力。

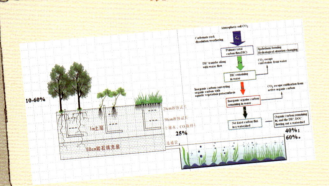

新探：生物泵与土地利用

中国科学院刘再华团队引入生物泵理论，发现岩溶地表水中的生物泵机制可将无机碳转化为有机碳，为全球碳循环研究开辟了新思路；此外，他们还研究了不同土地利用方式对岩溶碳汇通量的影响。

2021 年和 2024 年
步入标准化时代

中国地质科学院岩溶地质研究所先后发布《岩溶关键带监测技术要求》（GB/T43216-2023）、《岩溶流域碳循环监测及增汇评价指南》（GB/T 43932-2024），为研究提供标准化指导，建立数据库和评价指标体系，推动岩溶碳汇研究走向规范化和国际化。